COURS

DE

PHYSIQUE MATHÉMATIQUE

DE LA

FACULTÉ DES SCIENCES

Par J. BOUSSINESQ

MEMBRE DE L'INSTITUT

PROFESSEUR HONORAIRE DE LA FACULTÉ DES SCIENCES DE PARIS

ÉPILOGUE

Cinquième édition de l'Épilogue, revue et augmentée.

PARIS

GAUTHIER-VILLARS ET Cⁱᵉ, ÉDITEURS

LIBRAIRES DU BUREAU DES LONGITUDES, DE L'ÉCOLE POLYTECHNIQUE

Quai des Grands-Augustins, 55.

1928

COURS

DE

PHYSIQUE MATHÉMATIQUE

DE LA

FACULTÉ DES SCIENCES

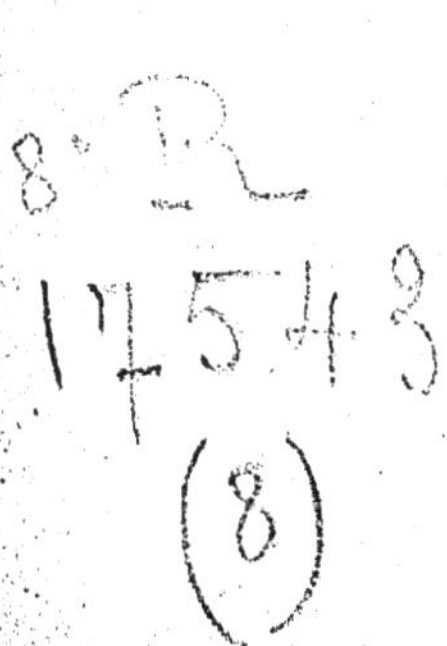

COURS

DE

PHYSIQUE MATHÉMATIQUE

DE LA

FACULTÉ DES SCIENCES

Par J. BOUSSINESQ

MEMBRE DE L'INSTITUT

PROFESSEUR HONORAIRE DE LA FACULTÉ DES SCIENCES DE PARIS

ÉPILOGUE

Cinquième édition de l'Épilogue, revue et augmentée.

PARIS

GAUTHIER-VILLARS ET Cⁱᵉ, ÉDITEURS

LIBRAIRES DU BUREAU DES LONGITUDES, DE L'ÉCOLE POLYTECHNIQUE

Quai des Grands-Augustins, 55.

1928

ÉPILOGUE

I. Le Cours de Physique mathématique dont ce petit volume complète la publication a fait, durant plus de 20 ans, à partir de 1892, l'objet de mon enseignement à la Faculté des Sciences de Paris. Je n'aurai guère à y ajouter ici qu'un rapide aperçu de matières dont une esquisse seule me semble possible dans l'état actuel de nos connaissances, mais que l'avenir ne manquera probablement pas de développer, je l'espère du moins. Ce sera donc seulement un Tableau de quelques pages que j'aurai à en donner encore.

Toutefois, avant de présenter ce Tableau, je reviendrai un instant à la question des *Compléments au Tome III* qui concerne (p. IX à XXII) l'aplatissement, par sa tension superficielle f, d'une goutte liquide, animée d'une petite vitesse angulaire donnée ω de rotation. Ce problème constitue, comme on a vu, une belle application physique des intégrales elliptiques, où, en particulier, dans le cas simple d'une vitesse angulaire ω modérée, ne produisant qu'un faible aplatissement, les formules (24) (p. XVI des *Compléments*) montrent que le rayon *équatorial* a est très sensiblement la moyenne entre le rayon *polaire* b et celui, R, de la goutte à l'état d'immobilité, c'est-à-dire sphérique.

II. Poursuivons maintenant notre étude des organismes animés, pour y insister sur une importante question de philosophie naturelle qui préoccupe, depuis au moins deux siècles, un grand nombre d'esprits.

Que présentent de particulier, pour le mécanicien géomètre, ces curieux systèmes matériels qu'on appelle des *organismes ?* Si la vie à ses divers états est la manifestation d'un *Principe directeur* spécial, comme l'affirme le bon sens et comme l'admettent Berzélius, Claude Bernard, Cournot, etc., comment ce principe directeur peut-il présider à la formation des organes et influer sur leurs mouvements, sans créer ni détruire aucune énergie, sans disposer même d'aucune force, mécanique, physique ou chimique, évaluable en poids ou par son travail, ainsi que l'ont conclu de leurs expériences les plus grands physiologistes et chimistes contemporains ? Telle est la question que j'y aborde.

J'en indique, et en développe pour les cas les plus simples, l'unique solution, constituée par des bifurcations de voies, c'est-à-dire par la multiplicité des intégrales qu'admettent dans des circonstances singulières, à partir d'un même état initial, les équations différentielles du mouvement de certains systèmes matériels. De pareils cas existent, contrairement à une opinion généralement enseignée, depuis Leibniz, dans les cours de Mécanique. Le volume final actuel fera suite, sous ce rapport, au volume précédent, qui a déjà donné plusieurs exemples de ces bifurcations d'intégrales et montré que le principe de détermination à joindre alors aux équations différentielles n'est pas une *force* au sens des géomètres, c'est-à-dire n'est pas une cause modifiant les accélérations des points du système *dans des situations données.*

III. L'Analyse ne peut actuellement examiner en détail, de ce point de vue, que des systèmes très simples, infiniment moins complexes que ne sont les organismes connus. Cependant, dès ses premiers pas dans la voie nouvelle, elle prouve à sa manière l'impossibilité pratique de la *génération spontanée.* Persistance en quelque sorte indéfinie, pour des conditions de milieu assez favorables, de la vie *une fois produite,* mais probabilité *infiniment faible* de première réalisation des circonstances physico-chimiques, propres à l'apparition d'êtres vivants dans un système matériel *limité,* tel est le double fait qui se révèle au géomètre dès l'étude d'un couple d'atomes.

IV. Accessoirement, je suis amené à traiter diverses questions fondamentales, intéressant soit la science proprement dite, soit la philosophie des mathématiques.

Telles sont, *en particulier,* l'interprétation de la continuité et de l'asymptotisme dans les applications de l'Analyse aux choses réelles; l'analogie du mécanisme de la vie avec celui d'un mouvement ondulatoire; la dissipation de l'énergie et la réversion des mouvements purement matériels; le rôle et la légitimité de l'intuition géométrique; la notion des forces mécaniques; l'application du *seuil* des sensations à une théorie possible de certains *quanta* et à l'explication de l'extrême difficulté, sinon même parfois de l'impossibilité, que nous éprouvons à percevoir les phénomènes *intramoléculaires* ou atomiques (notamment chimiques, électriques, etc.), contrairement à ce qui arrive pour les phénomènes *intermoléculaires* ou physiques *proprement dits;* distinction capitale, d'où résulte peut-être une manière d'apprécier approximativement, d'un côté, par les *efforts musculaires sentis,* de l'autre, par la *fatigue nerveuse éprouvée,* les énergies, respectivement *physique* et *chimique,* dépensées dans certaines opérations de notre organisme.

V. J'insisterai ici un instant sur la nécessité (que notre temps oublie beaucoup trop), dans les sciences de la nature, de l'élément mathématique ou rationnel, *surtout géométrique* et *intuitif* (p. 96 à 98, 120 à 122, etc. des précédents *Compléments* au Tome III), élément permettant à l'homme de s'élever jusqu'aux *idées générales,* donc aussi jusqu'au *sens* des mots de la langue, et auquel semble liée, par suite, sa supériorité intellectuelle sur la bête.

Or, de là résulte encore l'impossibilité où l'on a toujours été réellement, du moins jusqu'ici, d'appliquer aux phénomènes naturels les géométries non euclidiennes, dont notre intuition rend les figures impossibles à construire et même à imaginer. Cela tendrait à faire supposer ces prétendues figures *foncièrement contradictoires* comme serait un cercle carré, et, par suite, à les exclure même de l'*Analyse pure, qui ne peut d'ailleurs, elle non plus, se passer de l'intuition* (p. 122 des mêmes *Compléments*).

VI. Ce n'est donc pas sans des raisons capitales, on le voit maintenant, que Platon exigeait de *tous* ses auditeurs une connaissance approfondie de la *Géométrie.* Aussi avait-il, dit-on, fait graver sur la porte de l'*Académie,* c'est-à-dire du lieu ordinaire de ses conférences philosophiques, l'inscription :

« QUE NUL N'ENTRE ICI, S'IL N'EST GÉOMÈTRE ».

Il sentait sans doute ne pouvoir donner en exemple, *hors du domaine mathématique*, aucune affirmation *rationnelle* précise, paraissant vraiment incontestable au sens commun. Mais, dans ce domaine idéal de la clarté, une multitude de telles affirmations s'offraient à son choix.

Heureusement que l'étrange idée, contraire au sens géométrique, de nier la possibilité de figures semblables, ou (ce qui revient au même) de nier la possibilité de déplacements dans l'espace, *par simple translation*, de toute figure *invariable, parallèlement à une droite quelconque*, n'était pas encore venue aux géomètres. Elle ne devait se présenter à leur esprit que deux mille deux cents ans environ plus tard, au XIXe siècle de l'ère chrétienne, avec les géométries non euclidiennes *et par la voie de l'algèbre abstraite*, c'est-à-dire d'une méthode de calcul s'appliquant à des *symboles* que l'on apprend à manier et à combiner sans voir les objets qu'ils désigneront, et même sans savoir si ces objets, une fois astreints aux conditions qu'exprimeront les équations d'un problème posé, y seront conciliables entre eux.

Il est clair, en effet, que, si les conditions dont il s'agit se trouvaient mutuellement incompatibles, leurs objets n'existeraient pas, malgré certaine beauté de structure qu'offriraient peut-être des formules semblant y exprimer les inconnues, et malgré l'applicabilité possible de ces formules à d'autres cas, c'est-à-dire à d'autres objets, *qui seraient dessinables*. L'existence de telles formules ne garantirait donc pas celle de leurs objets, c'est-à-dire des inconnues elles-mêmes y figurant; et voilà pourquoi nous avons dû refuser ici aux figures non euclidiennes toute vraie réalité.

La croyance à la possibilité abstraite de pareilles figures ne pouvait guère naître qu'après un affaiblissement ou, pour ainsi dire, un *émoussement* suffisant de la vue naturelle des choses, par l'abus de cette sorte de raisonnement *verbal* et *machinal* qu'est le calcul algébrique, où la longueur et l'aridité de la voie suivie font bientôt évanouir le sentiment du but que l'on se proposait et engendrent une fatigue cérébrale livrant facilement l'esprit à une sorte d'*offuscation*.

VII. Les quatrième et sixième Parties du Tome III, consacrées respectivement aux bases ou à la philosophie de la Mécanique (p. 227 à 330) et au rôle capital du principe de simplicité, comme guide de l'esprit, dans l'élaboration des sciences (p. 369 à 417), de la Mécanique en particulier (p. 411 à 415), nous ont fait voir que rien n'y serait démontré, d'une manière rigoureuse, pour une intelligence mal disposée, qui y chercherait des occasions de doute et de discussion. Car alors les questions les plus simples resteraient d'une complication les rendant non seulement obscures, mais même inabordables, vu que toutes nous y ont paru, à un examen détaillé (p. 374 à 378, 386 à 388, etc.), impliquées en quelque sorte dans chacune d'elles et, dès lors, affectées inextricablement d'une infinité d'inconnues. Au contraire, la marche suivie aux endroits cités éclaire pas à pas le chemin, et y harmonise les idées, pour un esprit se contentant partout de l'explication la plus naturelle, la plus vraisemblable, qui apparaisse à la réflexion.

Nous avons reconnu en même temps (t. III, p. 281, 302, 326, 329, etc.) que cette manière de procéder, où le maître demande ainsi à l'élève un certain degré de docilité ou de *foi*, est précisément celle qu'avaient autrefois suggérée, ou tout de suite, ou peu à peu et plus ou moins lentement, le bon sens, l'expérience séculaire de la vie, enfin, pour mieux dire, l'action, parfois éclatante, mais généralement mystérieuse, de la Providence divine, dans l'acquisition et la graduelle consolidation des connaissances morales, surtout théologiques, qui ont créé la civilisation méditerranéenne et placé visiblement nos Sociétés occidentales, malgré leurs changements politiques trop fréquents, à la tête de l'espèce humaine, quant au degré de culture atteint.

VIII. Il a fallu, toutefois, en raison de l'importance (tant sociale qu'individuelle) des questions à y résoudre, et de leur nature, plus cachée que pour celles de l'ordre physico-mathématique, y faire beaucoup moins restreinte la part dévolue à l'*Autorité*. Or, l'Autorité dont il s'agit, de la compétence certainement la plus grande qui pût être obtenue, se trouvait représentée par les hommes, relativement rares, que leur caractère méditatif, leurs aptitudes morales et intellectuelles, leur désintéressement enfin, désignaient comme des *éclaireurs*, des *chefs*, capables de diriger et d'enseigner fructueusement la multitude des autres.

IX. On pourrait particulariser beaucoup plus ces caractères de l'autorité religieuse dans la civilisation méditerranéenne, si l'on se bornait, comme il conviendrait peut-être de faire, à la forme de cette civilisation constituée par le Christianisme occidental, la plus développée ou la plus riche en éléments, et, en même temps, la plus vivante, forme à laquelle seule s'applique complètement l'assertion précédente, concernant l'autorité incomparable qui lui revient et qui la met à la tête de l'humanité. Mais, pour le but à atteindre dans ces quelques pages, qui est de chercher à étendre le plus possible, aux choses de l'ordre moral et religieux, considérées comme faits sociaux, la supériorité de la *foi* sur l'*incroyance*, en tant que principe indispensable d'explication et d'intelligibilité ou de lumière pour l'esprit, il suffit, ce semble, de nous en tenir aux caractères plus généraux énoncés ici, qui paraissent bien avoir été vérifiés, dès les temps antiques, dans tout le bassin de la Méditerranée.

X. Comme, du reste, tout est imparfait ici-bas, l'histoire tant des idées morales et religieuses, que des théories scientifiques, nous fait connaître des époques de grande incertitude des deux côtés, et pour des questions cependant importantes. Heureusement que, le plus souvent, ces obscurités et états d'incertitude n'ont pas empêché l'accord de se faire à la longue, dans l'ordre pratique, sur des idées moyennes, acceptables pour l'immense majorité des esprits, et n'entraînant généralement que des erreurs jugées tolérables au moins par les contemporains.

D'ailleurs, il ne s'agit guère ici que d'erreurs anciennes, disparues ou sans crédit sérieux depuis des siècles, et de temps dont le retour semble à peu près impossible.

XI. Ainsi, dans les deux ordres d'idées ou scientifiques, ou religieuses et morales, la Lumière, en tant qu'elle nous est perceptible à un plus ou moins haut degré de précision, n'arrive guère qu'aux cœurs droits préparés à l'accueillir, qu'aux esprits humbles et dociles, déjà tournés ou se tournant vers Elle. Quant aux esprits et aux cœurs fermés à son appel, sourds à toute foi, soit naturelle, dans l'ordre scientifique, soit demandée à Dieu et pouvant en être obtenue par une prière persévérante, dans l'ordre moral et religieux, ils sont condamnés à ne pas comprendre et à se contenter de la constatation matérielle des faits, du moins lorsqu'il s'agit de phénomènes sensibles et à notre portée, les seuls qui paraissent contrôlables.

Toutefois, après avoir vu vérifiées, surtout à plusieurs reprises, les prévisions d'une théorie même incomprise ou regardée jusque-là comme douteuse, son succès nous fait croire en elle et en facilite l'intelligence, de manière à lui conférer la certitude morale qui lui manquait d'abord.

XII. Au point où se trouvent actuellement les sciences physico-mathématiques, considérées dans leur partie philosophique ou générale, notre XXe siècle semble donc bien venir, et même être déjà, dans une direction où elles continuent le XVIIe siècle finissant et où elles achèvent d'éliminer, de leurs marches progressives, les tendances d'opposition aux vérités traditionnelles, qu'un certain nombre de savants des deux derniers siècles (le XVIIIe et le XIXe) avaient manifestées, et qui, pour l'opinion vulgaire de ce temps-ci, caractérisent ces deux siècles, ainsi que le nôtre commençant. On peut sérieusement espérer qu'il ne restera, dans quelques années, de ces tendances négatives ou révolutionnaires, qu'assez peu de chose chez les *vrais savants*.

XIII. Peut-être se produira-t-il alors, d'abord dans les milieux cultivés et plus tard dans la foule, une renaissance religieuse un peu analogue, toute proportion gardée, à celle qu'avaient vue déjà les cinq derniers siècles de l'antiquité classique, à partir de l'époque des guerres civiles qui agitèrent la République romaine sur son déclin.

A cette époque, le matérialisme épicurien, réduit à la poursuite effrénée des jouissances, régnait tout au moins dans les couches supérieures de la Société; et il semblait qu'on dût s'attendre à une pleine décomposition tant de l'État que des mœurs.

D'ailleurs, la philosophie brillante, mais désespérée, de Lucrèce, paraissait n'ouvrir, pour tout homme sérieux, d'autre solution que le suicide au douloureux problème de l'existence. Et, cependant, c'est peu après que s'est produite, providentiellement, il est vrai, on peut même dire *miraculeusement*, la grande œuvre du Christianisme, qui a été une irrésistible protestation contre le néant de ces désolantes doctrines et qui a fini par l'emporter dans le monde, en imprégnant enfin les sociétés gréco-romaines des principes spiritualistes du Christianisme, si opposés aux basses mais entraînantes passions de la nature humaine, et que l'on aurait pu croire incapables de triompher, même en principe ou dans l'ordre spéculatif, de la grossièreté native de ces passions.

XIV. Joseph de Maistre a exprimé, en termes magnifiques, le ferme espoir d'une telle renaissance, vers la fin de sa onzième et dernière *Soirée de Saint-Pétersbourg*, que la mort (en 1821) l'a, du reste, empêché de terminer. Il y dit, par exemple (t. II, p. 278, de l'édition Pélagaud de 1854) :

« ... Attendez que l'affinité naturelle de la religion et de la science les réunisse dans la tête d'un seul homme de génie; l'apparition de cet homme ne saurait être éloignée, et peut-être même existe-t-il déjà. Celui-là ... mettra fin au xviii⁰ siècle, qui dure toujours; car les siècles intellectuels ne se règlent pas sur le calendrier, comme les siècles proprement dits. »

Et les notes qui suivent (¹), où il s'étend assez longuement sur la même espérance, montrent qu'il s'agissait bien, dans sa pensée, d'une conciliation, entre la raison et la foi, à obtenir d'un *travail essentiellement mathématique*, pour lequel il avouait son incompétence.

XV. Le n⁰ 335 du Tome III (p. 333) a indiqué la merveilleuse utilisation instantanée, par la vie, de l'infinité d'équilibres instables successifs, tant physico-chimiques que mécaniques, existant dans un très proche voisinage des états effectifs par lesquels passe tout organisme animé; et comment les pouvoirs directeurs y empêchent constamment l'organisme de s'éloigner *sensiblement* de l'équilibre correspondant à l'état actuel, au moyen de petites retouches ou corrections au mouvement, de sens alternativement contraires, dépassant (en général) chaque fois le but, mais sans

---

(¹) *Voir* notamment, p. 312 à 320.

outrer les écarts. Ceux-ci peuvent même y être dits *physiquement* nuls, comme on verra bientôt (n° XX).

Le maniement de la bicyclette, avec les redressements incessants et alternatifs qu'il comporte (t. III, p. 365 et 366), nous a fourni un autre exemple de l'emploi continu, par la vie, d'une suite indéfinie d'équilibres instables, n'entraînant cependant que de très rares chutes, après un apprentissage suffisant du *cavalier*.

XVI. Les corrections dont il s'agit sont instinctives dès le début, quand, sans elles, la vie serait impossible. Elles y constituent alors la propriété distinctive, ou comme l'*apanage*, l'*instinct propre*, du pouvoir directeur *vital*, instinct *compensateur*, en quelque sorte, de l'*instabilité*, et pouvant, au besoin, maintenir les phénomènes dans leur voie, sans force mécanique plus *réelle* que les écarts dont il s'est agi ci-dessus, et dont il sera question au n° XX. Il suffira, en effet, pour que cela puisse avoir lieu, que l'instinct vital considéré soit assez bien *adapté* à sa fonction, comme le sont tous les instincts. Et, dès lors, on devra l'assimiler à une cause de l'ordre des pouvoirs directeurs eux-mêmes, c'est-à-dire non comparable aux forces mécaniques proprement dites.

Dans le cas contraire où, se trouvant moins essentielles, les corrections envisagées peuvent être *non plus innées*, mais *acquises*, elles deviennent néanmoins instinctives peu à peu, par un exercice plus ou moins long, comme il arrive pour la *marche*, le *saut*, la *nage*, bref, pour toutes les *habitudes* résultant d'une éducation plus ou moins laborieuse.

XVII. Considérons, en particulier, dans cette poursuite continuelle, avec *réalisation physique*, de l'équilibre instable momentané, les mouvements visibles un peu étendus; et faisons ainsi, provisoirement, abstraction de la partie des phénomènes purement chimique et même physique, c'est-à-dire où l'amplitude des déplacements partiels qui lui correspondent soit seulement, par exemple, de l'ordre de grandeur des vibrations calorifiques moléculaires, pour nous borner à la partie proprement mécanique, c'est-à-dire perceptible à notre vue.

Il y aura évidemment, même dans ces limites d'approximation

où suffira une représentation relativement grossière des faits, nécessité absolue, pour les pouvoirs directeurs, de petites corrections, au moins *idéales*, de sens divers, à effectuer sur le mouvement, et indéfiniment renouvelables.

XVIII. Or, remarquons à ce sujet que, *si l'organisme en question était supposé rigide au degré d'approximation envisagé*, c'est-à-dire n'éprouvait que d'insensibles déformations, il serait impossible d'y immobiliser même *une seule* particule matérielle, sans immobiliser *l'organisme tout entier*. Car les autres particules, alors tenues de conserver sensiblement leurs distances à celle-là (censée fixe) et entre elles, devraient garder constamment *disponibles* (c'est-à-dire au choix du pouvoir directeur) les trois rotations instantanées élémentaires du corps (dès lors solide) autour de la particule fixe : sans quoi le pouvoir directeur ne pourrait pas à tout instant empêcher, *en déterminant à sa guise ces trois rotations*, l'exagération, *très vite dangereuse pour la vie*, de l'écart actuel de l'état du corps d'avec son état momentané d'équilibre instable.

Le pouvoir directeur n'étant tenu, en effet, par la nature rigide supposée du corps et par l'immobilisation du point fixe, qu'à laisser le corps tourner d'un mouvement d'ensemble autour de ce point, il lui suffira de savoir régler sans cesse les trois composantes de la rotation instantanée, pour déterminer le mouvement effectif.

Donc *l'immobilisation*, fût-ce d'un seul point matériel, d'un organisme *animal*, qui doit, d'après la *définition même* de celui-ci, pouvoir accomplir plus ou moins librement des mouvements *perceptibles*, sera inconciliable avec une rigidité tant soit peu *accentuée* de cet organisme; et il faudra le supposer, au contraire, très plastique, c'est-à-dire flexible et extensible en tous sens, pour qu'il puisse s'accommoder, par exemple, d'avoir un *pied* fixé au sol, comme il arrive, sur les côtes, à un si grand nombre d'animaux marins.

Mais un léger degré de rigidité serait, visiblement aussi, compatible avec une vie animale se contentant, *comme chez le paralytique*, de mouvements suffisamment restreints.

XIX. La même démonstration fait voir pourquoi le plus habile acrobate, en soutenant en équilibre, posée sur son index, une tige verticale rigide, est obligé, pour empêcher cette tige de tomber, de déplacer sans cesse ce doigt suivant des sens se renversant alternativement, ou tournant avec des vitesses en rapport avec la longueur de la barre soutenue.

Dans ce problème, la barre et l'acrobate constituent un système complexe, où la barre est la partie rigide, l'homme la partie à la fois vivante et plastique, enfin, l'ensemble, soumis aux lois mécaniques générales établies ci-dessus (nᵒˢ XV à XVIII).

XX. Mais revenons à l'organisme animé, pour y considérer une circonstance importante.

Ce sont, évidemment, les forces ordinaires de la nature inorganique, réduites à être presque insensibles tout près de chaque état d'un équilibre même instable, qui, dans cette poursuite incessante de l'équilibre actuel, au voisinage, par exemple, des centres nerveux agissant sous la direction ou de la vie, ou de la volonté, y engendrent les petites accélérations correspondantes et aussi, par suite, les vitesses nécessaires au mouvement des organes. Or, cela ne suffit pas et voici justement le point essentiel que nous voulons signaler.

Un mystère persiste, tout aussi profond, tout aussi inaccessible que jamais à notre puissance de discernement, dans le fait même de l'*excessif* rapprochement où est sans cesse, pour tout l'organisme, l'état physico-chimique et mécanique effectif, de l'état momentané actuel d'équilibre instable.

La vie consistant, autant que nous pouvons en juger, dans l'instabilité même, ou se trouvant, du moins, *liée à l'instabilité*, cet extrême rapprochement où est sans cesse, pour tout l'organisme, l'état physico-chimique et mécanique effectif, de l'état momentané actuel d'équilibre instable, *équivaut* à l'identité réelle de *situation*; et l'organisme n'est vraiment *en vie* que si, à chaque instant, l'état d'équilibre instable y est *effectivement réalisé quelque part* [1].

---

[1] Il me paraît qu'il doit même exister sans cesse quelque part *à l'intérieur de toute particule perceptible de l'organisme*; sans quoi la particule en question ne pourrait vraiment pas être dite *vivante*.

Nous atteignons donc là cette catégorie de faits, concernant l'*extrêmement petit réel* (parfois, par exemple, les éléments du temps et de l'espace, ici, ceux de l'état physico-chimique), *où s'évanouit la réalité de la différence entre deux choses*, non pas encore, *idéalement*, pour l'esprit du géomètre, mais bien en toute rigueur *objective*, évanouissement ou disparition mettant en défaut, et l'on est tenté de dire *irrémédiablement*, le pouvoir d'adaptation de notre esprit aux objets.

XXI. Nous avons rencontré maintes fois cette catégorie mystérieuse de faits (p. 11 et 12, etc.; et t. III, p. 298 à 302, 339 à 344, 403 à 406, etc.), dans les questions de la continuité, de l'asymptotisme, dans d'autres encore sans doute (p. 25 à 30 des *Compléments* au Tome III); bref, ce semble, toutes les fois que nous avons essayé, peut-être témérairement, de franchir les bornes *invisibles*, mais semblant, néanmoins intérieurement *pressenties*, que l'*Intelligence créatrice* doit avoir imposées à notre nature humaine.

On dirait qu'alors nous avons vu subitement disparaître *comme une ombre fugitive*, par une vraie discontinuité ou un insondable abîme, *infiniment étroit*, coupant le champ de notre vision, le tableau à peine entrevu des faits ainsi interdits ou soustraits à nos esprits, à toute connaissance *précise* de notre part.

Or, il n'est pas douteux qu'il doit y en avoir de tels pour toute intelligence *créée*, fût-elle la plus haute.

XXII. Les faits dont il s'agit doivent comprendre, en particulier, ceux que le caractère et le degré de leur complication rendent rebelles à nos simplifications approximatives dépendant, soit de la Géométrie et de l'Algèbre élémentaires, soit de l'Analyse infinitésimale, simplifications auxquelles se dérobe de la sorte la presque totalité des phénomènes que nous offre la nature.

Ces phénomènes, ainsi soustraits à toutes nos tentatives de rationalisation et irréductibles à nos calculs, continuent donc à nous apparaître sous leur forme primitive brute d'une *masse confuse*, non analysable ou *illogique*, sans ordre et sans beauté.

Or, c'est justement à une telle forme, indéfinissable ou, pour ainsi dire, ténébreuse, que les anciens philosophes assimilaient ordinairement la *matière* (ύλη), considérée comme *inintelligente* et même comme *inintelligible* (ou pleine de *confusion* et d'*obscurité*), *par opposition à l'esprit*, essentiellement *logique* et réglé, ou producteur de clarté et d'or⋯ c'est-à-dire tout à la fois *ordonné et ordonnateur* dans la mesure *de ses forces.*

Mais cette mesure, qui serait infinie pour l'*Esprit divin*, se trouve, pour nous, extrêmement réduite. Et là est l'explication sommaire des énormes lacunes subsistant toujours dans nos sciences même les plus perfectionnées. De là, aussi, l'impossibilité où nous sommes d'y résoudre les grosses difficultés et d'y faire pénétrer la lumière jusqu'aux grandes profondeurs.

XXIII. Comme conclusion aux réflexions précédentes, nous observerons que le présent Épilogue de notre *Cours de Physique mathématique* ouvre peut-être bien à l'esprit du géomètre *naturaliste* quelques aperçus, ou projette du moins certaines lueurs, sur des problèmes que l'on aurait été tenté facilement de croire voués, pour un certain temps encore, à l'empirisme pur.

Je signalerai également, parmi ces questions mystérieuses soulevées par mon *Épilogue*, celle que j'aborde au nº 19 (p. 36 des *Compléments* au Tome III), où j'ai peut-être réussi à rendre un peu moins épais le voile qui nous cache le *pourquoi* de la dualité sexuelle des organismes animés, voile dont la disparition nous ferait comprendre, par exemple, la nécessité de l'union de deux êtres humains, différents par le sexe, pour en produire un troisième. Ce fait d'expérience universelle semble, en effet, avoir gardé jusqu'ici, à ma connaissance, son caractère de phénomène *incompréhensible*, c'est-à-dire ne se rattachant à aucune considération théorique générale, qui soit capable de l'éclaircir dans une certaine mesure, d'en rendre, pour ainsi dire, *raison.*

XXIV. C'est vers 1880 que me sont venues les idées simples indiquées à ce nº 19, et que j'ai commencé, par suite, à *regarder* un embryon à son début, au moment de s'engager, si l'on peut ainsi parler, sur la courbe de son évolution propre ou *personnelle*, alors qu'il est fécondé et complet dans le sein maternel, comme affecté *déjà, plus même qu'à aucun autre moment de l'existence,* d'une instabilité physico-chimique extrême, ainsi qu'il a été dit

(p. 92 des *Compléments* au Tome III), à propos du principe de variation (¹).

Si l'on veut bien me permettre une analogie mécanique (très imparfaite malheureusement), je considérai un tel embryon comme occupant à ce moment, dans le sein maternel, une sorte de *centre répulsif*, qui lui ferait abandonner ou fuir, à partir de son état actuel choisi ainsi comme primitif, non pas précisément *sa place*, mais sa configuration moléculaire, laquelle se diversifie ou se complique de plus en plus; et, cela, de deux manières très différentes, *inverses l'une de l'autre*, ayant, d'ailleurs, presque d'égales chances de se produire, du moins dans l'espèce humaine. La préférence qui s'y trouve accordée, dans chaque cas, à l'une des deux manières plutôt qu'à l'autre, tiendrait, en effet, à de faibles causes, inconnues jusqu'ici. Et toutes les deux correspondraient, dans notre analogie mécanique, à deux voies opposées, *ainsi ouvertes à l'avenir de l'embryon*, d'ailleurs symétriques par rapport au *centre répulsif* initial, qui symbolise le point de départ, éminemment instable, du nouvel être.

XXV. Observons que le centre dont il s'agit, ou autour duquel se développe l'embryon, n'est qualifié ici de *répulsif* que dans un sens très spécial, nullement usuel en mécanique. Ce n'est pas la matière des organes s'ébauchant qu'il est censé repousser, puisque, au contraire, cette matière s'y amasse sans cesse aux dépens de l'organisme maternel.

Mais il y repousse, *pour ainsi dire*, la conservation de la configuration actuelle, et appelle ainsi une *diversification*, une *division*, toujours plus grandes de cette matière, à mesure que celle-ci croît en masse et en volume.

En résumé, ce que le centre dit *répulsif* repousse (*au figuré*),

----

(¹) Il est bien entendu que cette activité physico-chimique de l'embryon, dont il s'agit ici, n'apparaît grande que *comparativement* à ce qu'elle est habituellement dans les tissus vivants *en voie de formation*, où elle reste toujours silencieuse et extrêmement douce, en un mot, presque infiniment petite par rapport aux actions étudiées d'ordinaire dans la chimie minérale, et même dans la chimie organique des réactions entre corps qui ne seraient pas neutres ou à énergies *presque éteintes* (voir t. III, n° 333, p. 331 et 332). Aucune inertie sensible n'y est donc en jeu.

c'est l'*immobilisation de l'embryon* dans sa configuration physico-chimique actuelle. Voilà à quoi il s'oppose.

XXVI. La *prolifération*, ou division presque indéfinie, des cellules de l'embryon, tient probablement à une cause comme celle qui empêche les molécules chimiques (à forte densité) d'atteindre des dimensions sensibles, en raison de la prédominance que leur grossissement y ferait prendre aux répulsions interatomiques et qui amènerait leur *explosion*, comme on a vu (t. III, p. 291 et 292) au n° 288 et à la fin du n° 291.

En définitive, l'accroissement, presque infini relativement, du nombre et du volume total des cellules dans le nouvel être, serait dû à des répulsions interatomiques l'emportant de beaucoup sur les attractions contraires. Or, cette circonstance est bien propre à motiver le nom de *centre répulsif* donné ci-dessus (p. 16), au centre même de l'embryon, et qui semblait, à première vue, si mal justifié.

XXVII. On obtiendrait donc, de cette manière, *dans l'espèce d'organismes considérée*, des *individus* de deux sortes ou, comme on dit, *des deux sexes*, individus de plus en plus différents *des deux côtés* du centre répulsif, ou sur *les deux voies suivies* par divers embryons, à mesure qu'ils s'éloignent davantage de leur état primitif *commun* intermédiaire, ou *état moyen*.

Mais suivons, dans leur développement progressif, relativement rapide, quelques-uns des êtres ainsi produits.

Il est naturel, une fois atteint un certain état, presque stable, de chaque individu (son état dit *adulte*), grâce à un éloignement suffisant de l'état initial *si vivement repoussé*, que la constitution première ou moyenne y soit désormais détruite, de celle des deux manières opposées qu'aura réalisée l'*individu*, et, par suite, soit incapable d'y jamais reparaître, *sauf par une union de celui-ci avec un organisme adulte de l'autre sorte*, union (qui les fera parents *tous deux*), propre à amener, dans le sein de celui des deux qui est dit l'organisme *femelle* ou *maternel*, la *neutralisation mutuelle, par fusion ensemble*, de deux *cellules germinatives* mûres, empruntées respectivement à ces deux organismes.

Or alors se trouvera précisément reconstitué, dans le sein

maternel, l'*état primitif moyen*, c'est-à-dire un nouvel embryon complet, à éléments mâle et femelle *bien équivalents*.

Après quoi, si les deux organismes parents sont encore assez jeunes, la même série de phénomènes pourrait, un certain temps plus tard, recommencer et serait même susceptible de se reproduire presque indéfiniment, ou, du moins, jusqu'à épuisement de la provision des cellules germinatives chez un des parents.

XXVIII. Nous avons choisi comme primitif l'état de l'embryon complet ou déjà fécondé, et désormais très *actif*. Or, il y aurait lieu aussi de remonter, dans le passé, un peu plus haut que cet état, savoir, précisément, jusqu'aux cellules sexuelles mûres propres aux deux parents et amenées, par la conjonction momentanée de ceux-ci, à se fondre ensemble dans le sein maternel, pour y constituer l'embryon complet lui-même.

D'ailleurs, il conviendra d'appeler désormais celui-ci, plus simplement, l'*embryon* : car, *seul*, il mérite pleinement ce nom.

Mais cette première phase, purement préparatoire de l'existence du nouvel être, me semble comporter *en son fond* beaucoup plus d'obscurité que la phase suivante (consistant dans les développements ultérieurs de l'embryon jusqu'à l'état adulte), à raison de ce que sa partie matérielle, visible au microscope, n'est, pour ainsi dire, *presque rien*, à côté de sa partie *immatérielle*, qui est la production d'un *nouveau vivant*, d'un *individu* personnel (véritable centre d'un rayonnement jusque-là inexistant de *sensation et d'action*), suivie de sa lente apparition, comme vrai *embryon*, dans le champ d'un microscope approprié.

Un tel phénomène doit être, en effet, plus qu'un *changement de figure*, mais bien une création ou *presque une création*, chose beaucoup moins compréhensible à nos esprits que les transformations même les plus complexes.

XXIX. Je suis resté fidèle, on le voit, au point de vue du n° 19 (p. 36), qui a consisté à juger réalisé par tout être vivant, à son début dans l'existence, le type de l'espèce à laquelle il appartient, *considérée dans son unité fondamentale*, type d'où dériveraient ensuite les individus, *mâle* et *femelle*, par des variations de sens inverses, symétriques de part et d'autre de cet état primitif commun et, en quelque sorte, *central*.

Je regarde, en conséquence, comme initialement comparables, tous les embryons (complets ou fécondés) d'une même espèce; ce qui conduit à attribuer *aux principales particularités de leur existence ultérieure* les . différences caractéristiques survenant entre eux.

XXX. Ces particularités sont normalement, il est vrai, du moins chez les mammifères, assez peu variables sous les rapports de la température et du milieu physico-chimique ambiant, qui est le sein maternel, mais beaucoup plus quant à l'alimentation et aux soins donnés. Il semble donc qu'il faut expliquer par les circonstances ou particularités dont il s'agit, mais en remontant, alors, presque *tout à fait au début de l'évolution personnelle*, même la détermination des *sexes*, qui constituent, *à l'intérieur de l'espèce*, la *différenciation*, à la fois *organique* et *psychologique, la plus influente, la plus profonde*, que l'on connaisse. .

XXXI. Ainsi seraient marqués, par chaque être vivant *pris à la source* ou au début de son existence, les caractères généraux distinctifs de son espèce, caractères que l'on est naturellement porté à regarder comme ce qu'il y a de plus persistant à travers les générations successives, et comme pouvant offrir, encore actuellement, des traces d'un état ancien de l'espèce, susceptibles d'avoir disparu chez les individus adultes contemporains de nos observations présentes.

Car il semble bien que *cet état* initial, *plus simple*, ou *plus fondamental*, doit avoir aussi plus de *longévité*, dans la suite des existences individuelles, que les variations ultérieures caractéristiques des *autres* âges de la vie. Il doit donc se présenter toujours le premier chez les individus, sauf à se raccourcir peu à peu de génération en génération, comparativement aux autres phases de l'existence, qui pourront, dès lors, croître *en nombre*, ou se différencier progressivement, elles aussi, à mesure que vieillira la race par *l'altération des circonstances extérieures*, auxquelles devront s'adapter les individus pour ne pas disparaître d'une manière trop précoce. On ne sera donc pas surpris que les traits initiaux *d'abord*, puis d'autres, de plus en plus nombreux, continuent indéfiniment à se présenter *dans un ordre invariable*.

XXXII. C'est, au fond, ce que pensent, par exemple, les naturalistes qui regardent l'*ontogénèse*, ou évolution de l'individu, comme reproduisant très rapidement, durant la période embryonnaire ou fœtale de celui-ci, la *phylogénèse*, c'est-à-dire l'histoire *de la race* ou du *phylum* (φυλον en grec), à partir des ancêtres les plus anciens.

XXXIII. On peut rattacher jusqu'à un certain point à cette hypothèse, qui a des fondements expérimentaux (observés dans la vie fœtale) et dont je suis loin de nier la *fécondité explicative*, la vieille idée platonicienne d'un état primitif, sur la Terre, où les sexes, chez l'homme, n'auraient pas été encore séparés (¹), et y rattacher pareillement, de préférence même, le récit biblique qui

---

(¹) *Voir* dans le *Banquet* de Platon, vers le tiers du *dialogue*, la partie consacrée à ce sujet et surtout à expliquer par un *instinct* profond de conservation personnelle *indéfinie*, ou *d'immortalité désirée*, le penchant impérieux qui pousse les êtres vivants de notre Globe, *tous mortels*, à se perpétuer du moins *dans leur descendance*, par les unions qu'un attrait mutuel de beauté physique fait naître entre eux.

Mais, comme il n'y a là qu'un premier degré de beauté et d'amour à fruits matériels naturellement périssables, personnifié par la Vénus *Aphrodite* ou terrestre, vient ensuite, quelques pages après le second tiers (environ) du dialogue, une autre partie, vraiment sublime, du *Banquet*, relative à la Vénus Céleste, ou *Vénus-Uranie*, d'une Beauté *divine*, *toujours ancienne* et *toujours nouvelle* (suivant l'exclamation de saint Augustin), c'est-à-dire *éternelle*.

Elle a pour domaine le monde infini et serein des *idées*, des *modèles d'Êtres*, pour ainsi dire, monde divin immuable du λογος, du *Verbe* Éternel. Celui-ci, *Parole* (ou pensée) du Père, du *Principe créateur*, peut seul, par l'incomparable charme de son appel, sur les âmes capables de l'entendre, améliorer peu à peu ces âmes jusqu'au point de les ravir finalement en se faisant *voir* à elles *face à face*, et de les *fixer* ainsi *pour toujours* dans la contemplation *béatifiante* de sa *Beauté divine*, de ses *perfections infinies*.

Il y a lieu de remarquer que Platon attribue, par la voix de Socrate, cette splendide théorie philosophique du bonheur, d'un bonheur perpétuel *par influx divin incessant*, à la belle Diotime de Mantinée, femme sans doute allégorique ou purement figurative, étrangère à Athènes et absente du *Banquet*, qu'il imagine d'une valeur morale presque surhumaine (car il la fait, en cela, très supérieure à Socrate). Elle s'est trouvée être dès lors, sans que, probablement, Platon s'en soit jamais douté, une personnification saisissante de la *Théologie chrétienne*, telle à peu près que celle-ci apparut, huit siècles plus tard, dans les écrits de saint Augustin, par exemple, dans ses *Confessions* (Livre X,

nous montre Ève formée ou tirée d'Adam, durant un sommeil mystérieux de celui-ci, pour parfaire dans le dogme chrétien le grand principe *d'unité et de solidarité* entre tous les membres de la *famille humaine.*

Ainsi, dans Platon comme dans la Bible, c'est l'*indivision sexuelle* qui s'est trouvée au début, du moins chez l'homme, et l'espèce *seule*, non l'individu *homme* ou *femme*, a pu y avoir son expression.

XXXIV. On remarquera que je me suis borné ici (n°s XXIV, XXV et suivants) aux mammifères, et même plus spécialement à l'homme, en le prenant pour type, ou en voyant en lui comme le

---

Chap. XXVII), là où il s'écrie : « *O beauté si ancienne et toujours nouvelle, que je vous ai connue et aimée tardivement !* »

Ce qui l'avait, en effet, retenu longtemps dans le Manichéisme, ou système des deux principes, l'un lumineux et bon, l'autre ténébreux et mauvais, en lutte perpétuelle ici-bas, c'était l'impossibilité native, où nous sommes à raison de nos organes, de nous *représenter* la Divinité autrement que corporelle, ou noyée, pour ainsi dire, dans une masse d'un volume immense, remplissant et débordant de toutes parts le monde physique.

Or, la doctrine platonicienne, où la conciliation se fait, entre l'infinité de la nature divine et sa simplicité parfaite, *grâce à ce que Dieu n'a point de figure,* pouvait seule libérer nos intelligences d'un tel matérialisme, relativement grossier. Mais saint Augustin ignorait le grec, quoiqu'il en eût reçu quelques leçons dans son enfance; et ce fut seulement après une dizaine d'années d'attente, qu'il put prendre connaissance de la *théorie des Idées,* dans une traduction latine, alors toute récente, de certains dialogues de Platon.

Théorie théologique du bonheur, attribuant les meilleures places dans le Banquet de la vie, même dès l'existence d'ici-bas, à l'étude désintéressée et humble de la Vérité.

Une application particulle, ou quelque chose comme une *atténuation,* de cette théorie platonicienne du bonheur, où l'on se bornerait à considérer, au lieu des êtres humains en général, les esprits se sentant de bonne heure faits pour l'étude et y manifestant déjà la satisfaction que produit une vive *aperception* de la Vérité, permettrait de leur rendre utilisables, dès la vie présente, les mêmes principes, dans la mesure compatible avec la large part de mouvement, *d'agitation même, inévitables en ce monde.*

On y aurait égard, d'un côté, à ce fait, que les occupations intellectuelles, accomplies sans négliger nos devoirs, paraissent bien ne laisser jamais après elles aucun remords; d'autre part, à ce qu'on y emploie honorablement son

représentant par excellence de tous les êtres animés *du monde terrestre*. S'il arrive à un naturaliste, sous les yeux de qui tomberaient ces quelques pages, de s'arrêter un instant aux considérations précédentes, il verra sans doute aisément quelles modifications pourraient permettre d'étendre ces considérations à diverses classes d'êtres vivants. Il me paraît que ce serait surtout en abrégeant de plus en plus le rôle propre des parents, et spécialement de l'organisme maternel, à mesure que l'on aborderait des classes d'êtres moins élevées.

L'essentiel de nos conclusions subsisterait, ce semble, pour tous les *Vertébrés*, chez lesquels la prépondérance de l'axe cérébro-spinal, dans les manifestations de la sensibilité et de l'intelligence, garantit une unité profonde de l'être, et où, pareillement, le concours des deux sexes est indispensable, comme chez les mam-

---

temps libre, tout en perfectionnant et ennoblissant son intelligence. Or, certainement, cela doit suffire, vu l'état d'instabilité et de médiocrité des choses humaines, pour assigner ou faire reconnaître, *toutes choses égales d'ailleurs*, les meilleures places *dans le Banquet de la vie*, même dès l'existence d'ici-bas, à l'étude désintéressée et humble de la Vérité.

C'est bien ce qu'ont éprouvé de tout temps les riches natures dont il s'agit ici, une fois vraiment orientées dans leur vocation, et ayant senti *au fond le plus intime de leurs âmes* l'ardent *contact* du *Verbe* divin, comme saint Augustin (Chapitre cité des *Confessions*), Platon lui-même, et j'ajouterai notre Pascal, dans ce qu'il appelle « *les raisons du cœur que la raison ne connaît pas* ».

Après la vie présente seulement, pourront dominer, il est vrai, le repos et la contemplation dont parlent Platon, saint Augustin, enfin l'Évangile, *dans les parts comparées* des deux sœurs, Marie et Marthe, y personnifiant respectivement la *vie contemplative* et la *vie active*, parts dont la première, choisie par Marie, est proclamée *la meilleure* (*Luc*, X, 42), la seconde restant ensuite à Marthe.

C'est également une vie contemplative, jugée la plus élevée possible, qu'Aristote attribue à la Divinité suprême, comme on a vu dans mon Tome III (p. 319 et 320), où j'ai montré que cette pensée ouvre à l'esprit, sur la Divinité, *une mais non solitaire*, de sublimes perspectives, développées par le Christianisme.

Au contraire, Platon a, de préférence, vu généralement, en Dieu, le rôle de Créateur, ou, du moins, d'Organisateur du Monde (du *Cosmos*), c'est-à-dire (mêmes pages du Tome III) le *rôle actif*, conformément aux tendances chrétiennes prédominant dans l'Évangile et aussi les plus modernes, qui mettent là *Charité* et les *Œuvres* au-dessus de tout, en les fondant, il est vrai, sur la *Foi comme élément intellectuel*.

mifères, pour la procréation des nouveaux représentants de l'espèce.

XXXV. Mais, dès qu'on sortirait de l'embranchement des Vertébrés, et qu'on passerait, par conséquent, à des êtres d'une unité *plus diffuse*, en raison des centres nerveux multiples présidant aux fonctions de relation des divers segments enchaînés ou successifs dont se compose le corps de ces animaux, il semble qu'une analogie sérieuse, ou *concluante*, nous manquerait, *du moins quand le rôle de la tête paraîtrait fort atténué*, pour leur attribuer des facultés intellectuelles proprement dites, c'est-à-dire autres que des instincts *automatiques* ou des actions réflexes *fatales*.

XXXVI. Leurs admirables mécanismes dénotent, il est vrai, une extrême ingéniosité. Seulement, celle-ci serait peut-être le fait non des êtres mêmes dont il s'agit, mais plutôt, sinon même uniquement, des *principes* (ou *pouvoirs*) *spirituels*, *très perspicaces*, qui les auraient conçus et réalisés, savoir, du Créateur souverain de toutes choses, et, peut-être aussi, d'après certains théologiens ([1]), d'intelligences fort pénétrantes, *plus ou moins bonnes d'ailleurs*, qu'il Lui aurait plu d'associer à son œuvre, comme Il nous y associe nous-mêmes dans la mesure bien moindre de nos facultés, *par l'accomplissement quotidien de nos devoirs*.

XXXVII. Faisons trêve à ces réflexions, pour conclure en remarquant, d'autre part, combien grandement changent les conditions de la génération, dès qu'on quitte l'embranchement des Vertébrés. L'intervention des deux sexes cesse, en effet, d'y être (ou, du moins, d'y paraître) nécessaire à la procréation des *jeunes*, qui se fait, dès lors, fréquemment, par voie de parthénogénèse, soit femelle (par enfantement ou émission d'œufs sans fécondation apparente préalable) soit, quelquefois même, *mâle*, avec générations alternantes ou non.

([1]) Par exemple, feu le P. Carbonnelle, de l'Université de Louvain, dans son dixième article *Sur l'aveuglement scientifique*, que contient le numéro de janvier 1881 de la *Revue des questions scientifiques* (de Bruxelles), tome IX, p. 163 et 164.

XXXVIII. L'exemple du *vol nuptial unique* d'une jeune reine d'abeilles, vol où s'opère en quelques instants la fécondation de tous les œufs que cette reine pondra jusqu'à la fin de sa vie, *quelque tardive qu'en soit l'éclosion*, met sur la voie pour s'expliquer la conservation presque indéfinie, dans les invertébrés, de la faculté d'évoluer normalement, chez des œufs qu'aucune union sexuelle ordinaire n'avait atteints et fécondés, *si ce n'est très antérieurement*. D'où l'on peut inférer, comme chose qui ne soit pas impossible, la transmission de la même propriété à d'autres œufs encore, venus peut-être au contact de ceux-là avant qu'eussent disparu du milieu toutes les cellules germinatives du sexe différent, fournies auparavant par voie sexuelle. Mais, peut-être aussi, y a-t-il là-dessous d'autres mystères, insoupçonnés ou soupçonnés à peine, que nous a cachés jusqu'ici la nature (¹).

Quoi qu'il en soit, il semble inévitable qu'une telle transmission aille en s'affaiblissant plus ou moins vite; car l'expérience montre que l'espèce s'éteindra après un nombre limité de générations obtenues ainsi, c'est-à-dire sans intervention actuelle des deux sexes.

XXXIX. Revenons, un instant encore, au cas des Vertébrés, le seul que j'eusse; d'abord, réellement envisagé dans cet essai final, un peu aventureux peut-être, où il fallait, je pense, que quelqu'un eût le courage d'ouvrir la voie. Quel que soit le sort réservé à cette tentative, j'ai cru servir le progrès scientifique en la formulant, au moment de clore mon œuvre, à la fois mathématique, physique et philosophique.

Je m'y suis laissé guider uniquement par le principe de simplicité appliqué aux faits les plus apparents, qui consistent ici dans l'effacement relatif, semblant de plus en plus complet, des différences sexuelles, quand on remonte de l'âge mûr à l'enfance, puis de l'enfance à la vie fœtale et, enfin, à la vie embryonnaire. Or, le problème, où j'ai conclu à *l'annulation* de ces différences au premier instant de l'existence individuelle, restait, en réalité,

---

(¹) Il est donc tout naturel que les plantes, où la vie est encore moins concentrée, conservent bien plus longtemps que les animaux sans vertèbres, dans leurs graines et leurs spores, la faculté de germer.

quelque peu indéterminé pour ce qui concerne ce début; et une donnée de plus relative au premier instant, ou quelque chose, comme un second principe à joindre à celui de simplicité, aurait été désirable, en tant que moyen de contrôle, pour assurer tout à fait, dès ce début même, la marche de notre raisonnement au milieu des écueils.

Toutefois, à défaut d'un tel principe, la loi même de simplicité imposait bien, du moins comme première approximation, l'hypothèse, que nous avons choisie, de l'annulation initiale des différences sexuelles.

XL. Je n'ai nullement, bien entendu, la prétention de remplacer, *par un aperçu si sommaire*, les innombrables et profondes recherches expérimentales, microscopiques ou autres, des physiologistes (zoologistes, botanistes et médecins) sur la question qu'il concerne.

Je le soumets, au contraire, à l'examen de ces savants pour y apporter, dans toute la mesure possible, le contrôle de l'observation qui peut, seul, faire de cet aperçu, *en le confirmant*, quelque chose de plus qu'une hypothèse, paraissant d'ailleurs assez plausible.

XLI. Il y a, en effet, une circonstance vulgaire ou, du moins, pas très rare, qui indique clairement l'*indivision sexuelle primitive* de l'embryon, et même une indivision *non pas momentanée*, mais plus ou moins persistante. C'est le fait, signalé déjà par Platon dans le *Banquet*, de l'*hermaphrodisme*, où la nature ne réussit pas à dégager le sexe, même (semble-t-il) après quelques tentatives de sens divers pour le faire apparaître.

XLII. L'existence de deux parties essentielles distinctes, dans le germe complet de chaque espèce d'êtres vivants, et la nécessité où sont (toujours ou presque toujours) ces deux parties, de se séparer sur *deux individus différents*, pour s'aviver ou s'activer l'une l'autre, et se révéler ainsi, à elles-mêmes, comme mutuellement *complémentaires*, expliquent l'exceptionnelle importance, dans chaque organisme individuel, de sa partie *germinative*, en tant qu'elle y est le siège d'une sensibilité, d'une vie, sans comparaison plus intenses que celles restant ensuite à la partie non germinative, bien plus matérielle et épaisse, ou, en quelque sorte, *moins affinée*, et appelée alors, par opposition, le *soma* (de σωμα, *corps*, contraire de ψυχη, *âme*).

XLIII. L'exceptionnelle importance de la partie germinative justifie les égards et, pour ainsi dire, le *respect* que lui accordent, dans l'espèce humaine, les doctrines religieuses des peuples civilisés, mais surtout le Christianisme. Celui-ci regarde, en effet, comme une sorte de *profanation*, les manques de pudeur (¹) et les multiples abus de la fonction génératrice : jugement d'ailleurs motivé par les redoutables conséquences, tant individuelles que sociales, tant morales que physiques, des abus dont il s'agit, et par leur retentissement sur l'ensemble des vies humaines, qui en sont comme empoisonnées et flétries depuis l'origine de l'histoire.

XLIV. Cette effrayante question soulève évidemment, dans l'ordre moral, une contradiction ou *désharmonie* insoluble pour nos faibles cerveaux, et à laquelle la partie la plus éclairée, la plus morale, du genre humain, n'a trouvé (ou reçu de ses législateurs) une explication paraissant conciliable avec la justice et la bonté divines, assez difficilement d'ailleurs, que dans l'hypothèse d'une prévarication grave, envers la Divinité, d'un ancêtre terrestre (Adam) commun à nous tous, prévarication mystérieuse ayant entraîné, chez lui et ses descendants (dont aucun n'était encore engendré), sinon même dans toute vie ultérieure ici-bas, la déchéance morale et physique dite *chute originelle*, que manifeste principalement ce déploiement outré d'égoïsme, avec lutte de tous contre tous (*bellum omnium contra omnes*), dont les effets éclatent presque sans cesse à nos yeux en ce monde.

Peut-être aussi les débuts d'un si triste état de choses remontent-ils plus haut, dans le passé soit de notre globe, soit d'autres régions inconnues, éclairées ou obscures, de l'Univers, que les

---

(¹) Saint Paul, première lettre aux *Thessaloniciens* (IV, 4) « *sciat unusquisque vestrum vas suum possidere in sanctificatione et honore, non in passione desiderii* » : que chacun de vous sache conserver son vase dans la sanctification et l'honneur, en le soustrayant à la passion du désir.

particularités qui nous en ont été révélées, c'est-à-dire mystérieusement transmises.

XLV. Quoi qu'il en soit, la profonde déchéance dont il s'agit n'a paru réparable, à cette partie certainement la meilleure de l'espèce humaine, dont il vient d'être parlé, que par la voie d'une longue, douloureuse et providentielle *expiation*, comprenant, avec la mort corporelle de tous les individus *infectés*, destinés à naître successivement, leur triste état de disgrâce morale et physique.

Or, encore d'après la même croyance des meilleurs d'entre nous, Dieu a su trouver, dans son *Verbe* ou *Fils éternel*, mû lui-même par une bien touchante tendresse pour l'homme, et qui en a eu pitié au point presque incroyable d'en devenir Frère par son *Incarnation*, le moyen de concilier, d'une manière (il est vrai) profondément mystérieuse, la *Justice* avec la *Bonté*. Car il a satisfait à la Justice par la substitution comme victime expiatoire, de son Fils, *librement consentie par celui-ci*, à la place de la race humaine coupable.

En même temps, ce Dieu-Fils ainsi *humanisé* (le Christ) renversait, dans le monde une fois devenu chrétien, l'ordre des valeurs admis jusqu'alors, en jugeant qu'il peut y avoir plus de mérite, plus de gloire et de vraie joie, même ou surtout pour un *Dieu fait homme*, à servir qu'à être servi, et à peiner pour autrui qu'à jouir; de manière à devenir désormais le parfait modèle de ses *frères adoptifs*, ainsi *rachetés*, et engendrés par Lui *à la vie surnaturelle de la grâce*.

XLVI. Nous connaissons trop imparfaitement les motifs d'une si rigoureuse condamnation du Dieu-homme, suivie, il est vrai, d'une glorification non moins éclatante, pour pouvoir les apprécier de notre pauvre point de vue humain. Aussi devons-nous, dans notre ignorance, adorer ces motifs, avec la même humilité et la même reconnaissance que l'ont fait les nombreuses générations chrétiennes venues avant nous, et où ont figuré les plus hautes intelligences humaines, dans tous les genres de grandeur morale et intellectuelle.

D'ailleurs, nous constatons bien, d'une part, que le Monde où nous vivons est conforme à la description qui s'en trouve ainsi faite, et, d'autre part, que notre nature a été assez *plastique*, assez *adaptable* (si l'on peut employer cette expression) à la situation produite de la sorte, pour la subir sans en être, d'ordinaire, très choquée.

C'est peut-être la meilleure preuve que la félicité perdue par nous à l'origine de notre espèce était un pur don de la Providence surajouté gratuitement par Elle à ce qu'aurait pu réclamer, strictement ou en toute justice, la simple nature de l'homme.

Aussi l'Église emprunte-t-elle, dans sa liturgie, à saint Augustin, la célèbre exclamation de celui-ci au sujet de la faute d'Adam, qu'il juge avoir été providentielle : « O *heureuse* faute, qui a mérité d'avoir un tel et si grand Rédempteur ! ».

XLVII. Ainsi s'explique le fait que toutes les parties peu éduquées de l'espèce humaine acceptent sans surprise, comme chose naturelle, un état moral du monde présentant de si grandes et si nombreuses contradictions, au moins apparentes, où tant de souffrances semblent imméritées, et où la vie paraît ne s'être intéressée *directement* qu'à la conservation des espèces, sans s'occuper du bonheur ou du sort des *individus*.

XLVIII. Et, cependant, notre principal devoir, celui de *charité*, ne concerne pas précisément les *espèces*, pas même la nôtre, mais le *prochain*, c'est-à-dire les *individus* en sympathie possible avec nous *et se trouvant dans le besoin*, que les circonstances de l'existence font actuellement nos *voisins*, de manière à nous mettre à même de les secourir. Il y a là un nouvel aspect de la profonde antinomie existant entre la *nature extérieure* et nos consciences. Or, c'est à celles-ci que la voix impérative du devoir, et même, à son défaut, le cri de la sympathie, nous feraient subordonner sans hésitation la simple nature extérieure, d'autant plus qu'il n'y aurait rien d'entraînant dans ce que nous appelons *l'intérêt de l'espèce*, intérêt purement abstrait et qui paraît n'être celui d'aucun être réel.

Malheureusement, si cet intérêt de l'espèce est, pour s'opposer à nos actes de charité, un mobile insignifiant, tout à fait incapable de les empêcher, il n'en est pas de même de notre *intérêt personnel* (ou de ce que nous regardons comme tel), dont le sacrifice se trouve exigé par l'acte de charité, dès que celui-ci a quelque valeur. Et voilà pourquoi l'intérêt de l'espèce est effectivement favorisé par la nature, ou *réalisé dans les faits*.

XLIX. La plupart des hommes, y compris les plus réfléchis et les plus appliqués à l'étude des réalités, regardent donc les contradictions et anomalies dont il s'agit ici comme les conséquences inévitables de lois générales imposées aux phénomènes, lois habituellement harmoniques, mais malfaisantes dans des cas plus ou moins exceptionnels.

Ces lois seraient d'ailleurs telles, qu'elles amèneraient, d'après Malebranche et Leibniz, le *minimum* d'inconvénients *compatible avec deux principes de sagesse ou de beauté logique* dont se serait inspirée la Providence dans le gouvernement du Monde, savoir, *agir par les voies les plus simples et les plus générales possibles.*

L'*Éternel géomètre* aurait donc, en cela, résolu un problème de *minimum relatif*, le problème même de l'*Optimisme;* et *il aurait créé ainsi le Monde effectif* suivant le modèle *du meilleur qui fût possible.*

L. Il semble cependant bien difficile d'admettre qu'un énoncé, même seulement approximatif, d'un aussi formidable problème d'Analyse mathématique, eût pu être mis à la portée de nos faibles esprits; et l'on se sent pris, à sa vue, d'un doute impossible à lever. Sa solution, il est vrai, ne paraîtrait pas moins inabordable, quand même nous en saisirions suffisamment bien l'énoncé. Nous resterions donc, même alors, tout aussi tenus d'adorer, courbés dans la poussière de notre néant, l'inscrutable ou infinie profondeur de la sagesse et de la science de Dieu, incompréhensibles dans leur ensemble à toutes les créatures, humaines ou même purement spirituelles.

L'audace de Malebranche et de Leibniz, qui ne reculait pas devant l'espoir de pouvoir aborder et traiter utilement un problème comme celui de l'*optimisme*, est bien caractéristique du xviie siècle, époque où les rapides développements de l'Analyse infinitésimale et de la Mécanique ouvraient aux géomètres les plus vastes horizons et semblaient justifier des espérances pour ainsi dire illimitées.

Aussi aucun temps, peut-être, n'a-t-il cru autant que celui-là, chez des esprits même très pondérés, à la puissance de la raison humaine.

TABLE·DES MATIÈRES DE L'ÉPILOGUE

82296   Paris. — Imp. Gauthier-Villars et Cⁱᵉ, quai des Grands-Augustins, 55.

www.ingramcontent.com/pod-product-compliance
Ingram Content Group UK Ltd.
Pitfield, Milton Keynes, MK11 3LW, UK
UKHW031731170726
13836UKWH00002B/585